AF299563

Petite Bibliothèque des Connaissances utiles

Pour se Préserver

ET

se Débarrasser des Vers

Manuel pratique

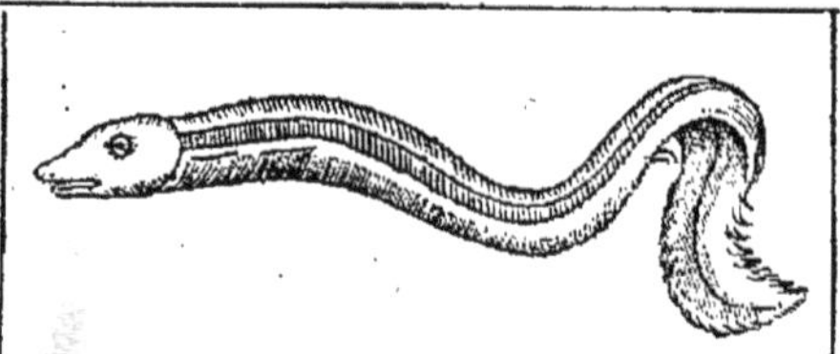

Par le Docteur

N. ANDRY

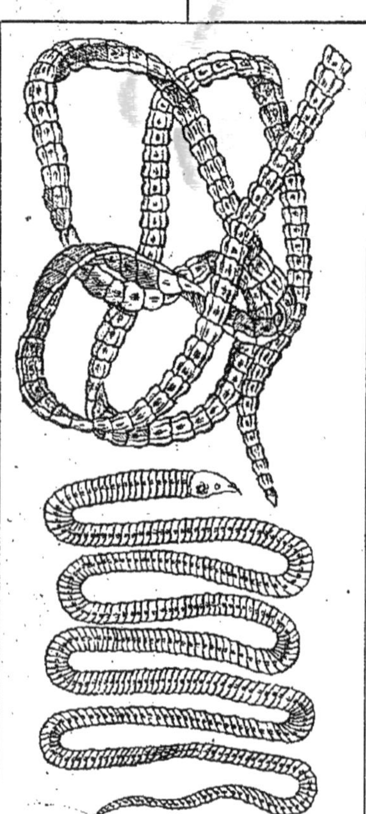

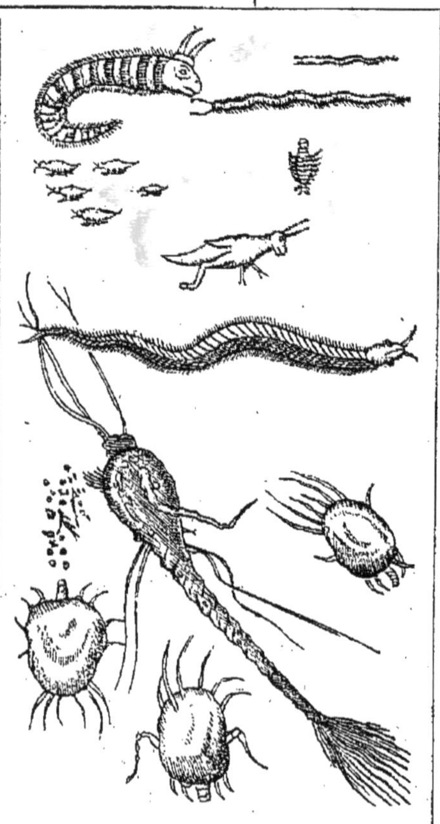

PARIS

Georges VARÈS, Éditeur

28, RUE LALO, 28

Tous droits réservés.

Pour se Préserver

ET

se Débarrasser des Vers

30 centimes

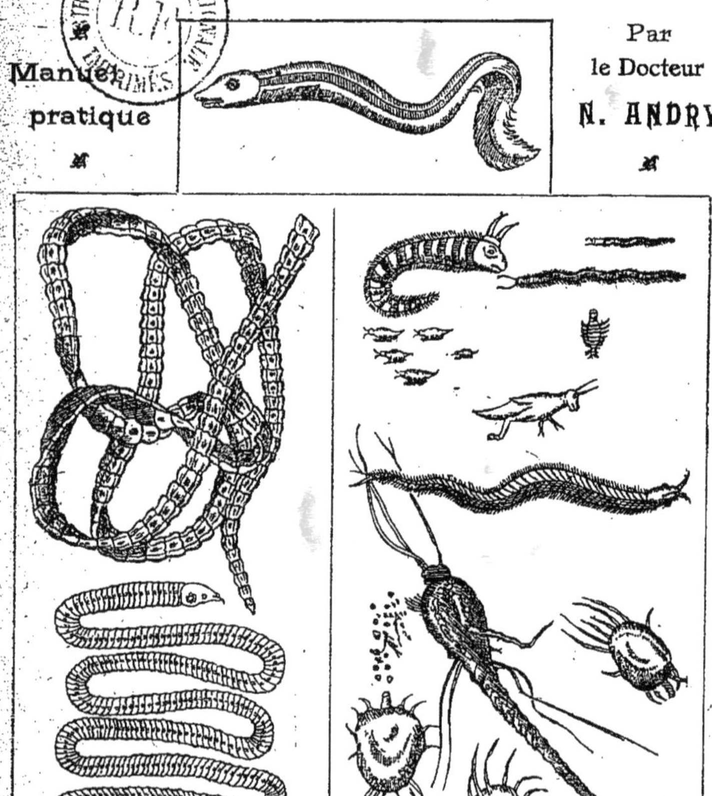

Manuel pratique

Par le Docteur

N. ANDRY

PARIS

Georges VARÈS, Éditeur

28, RUE LALO, 28

Tous droits réservés.

Pour se Préserver

ET

se Débarrasser des Vers

Trois choses nous rendent sujets aux vers : le mauvais air, les mauvais aliments et le mauvais usage des bons ; c'est-à-dire que, pour se préserver des vers, il faut respirer un bon air, éviter certains aliments et user avec règle de ceux que l'on a choisis.

Une atmosphère saine active la chaleur naturelle, favorise le cours du sang et empêche les humeurs de se corrompre par le repos. L'air épais et impur, au contraire, outre qu'il est tout chargé de semences vermineuses, corrompt les humeurs en les altérant par son impureté et prépare ainsi aux vers toute la matière nécessaire à leur nourriture et à leur accroissement.

Les laitages, les choses sucrées, les viandes vinaigrées, le cidre, les melons, les champignons favorisent l'infection vermineuse ; mais le citron la combat.

Il n'est pas toujours en notre pouvoir de nous garantir des vers, ces parasites s'accomparant souvent de notre corps dans un âge où l'on est incapable de veiller à ce qui peut lui nuire. C'est aux mères et aux nourrices de veiller à ce que les enfants ne prennent rien qui puisse favoriser l'infection vermineuse.

Ce qui fait que la plupart des enfants sont sujets aux vers, c'est le lait trop vieux qu'on leur présente dès qu'ils sont nés et la bouillie dont on les nourrit trop tôt. Le premier lait, que doivent sucer les enfants, est celui qui se trouve aux mamelles des nouvelles accouchées ; c'est un lait purgatif qui délivre l'enfant de toutes les humeurs superflues et qui, ne chargeant point l'estomac, n'y cause point ces crudités qu'un lait plus vieux et plus nourrissant ne manque jamais d'y produire. —

Il ne convient pas d'avoir recours trop vite aux médicaments pour purger les enfants nouveau-nés ; la meilleure de toutes les médecines, c'est encore le lait que la nature prépare dans les mamelles des nouvelles accouchées ; ce lait est un aliment médicamenteux proportionné à la faiblesse des enfants et qui, devenant tous les jours moins purgatif, ne devient nourriture qu'autant que l'estomac a la force de la digérer.

Si les bons aliments tendent à nous préserver des vers, c'est à condition d'observer certaines règles dans l'usage qu'on en fait.

Ces règles peuvent s'énoncer de la manière suivante :

Ne manger que dans un temps qui soit favorable à la digestion ;

Observer dans les viandes un ordre qui ne puisse troubler la coction qui s'en doit faire, les crudités d'estomac nous rendant sujets aux vers ;

Ne point trop manger ou trop boire à chaque repas ;

Ne point manger de viande seule.

Rien ne favorise mieux la digestion qu'un appétit sain, un appétit qui provient du besoin de la nature et qui fait que tous les aliments se mangent avec plus de goût, qu'ils sont plus étroitement retenus dans l'estomac pour se digérer parfaitement. Ne mangeons jamais, si nous n'avons pas lieu de croire que le précédent repas est digéré ; nous ne troublerons pas ainsi la coction, et nous éviterons ces crudités qui engendrent des humeurs corrompues si propres à nourrir les vers. Ce sont les personnes qui mangent à toute heure qui sont les plus sujettes aux vers.

Pour ce qui regarde l'ordre des viandes, il convient de commencer par les plus faciles à digérer, parce que celles-ci, n'étant point retenues par d'autres d'une digestion plus lente, sortent de l'estomac aussitôt qu'elles sont digérées et ne s'y corrompent pas comme elles feraient si elles y séjournaient après la coction faite. C'est pourquoi les choses molles se doivent prendre ordinairement avant les dures, les humides avant les sèches, les liquides avant les solides, celles d'une qualité chaude avant celles d'une qualité froide. Il est bon de se tenir en repos quelque temps après le repas, car le prompt exercice cause beaucoup de crudités et, par conséquent, beaucoup de corruption. De même, il ne faut pas se mettre à lire immédiatement ou s'appliquer trop sérieusement le repas terminé. Ces

quelques prescriptions hygiéniques nous préserveront
à coup sûr des vers, si nous avons en outre soin de
prendre deux fois par semaine une tasse de la boisson
suivante : Faire bouillir du mille-pertuis dans de l'eau
et boire de cette eau refroidie avec un peu de sucre.
La boire de préférence le matin à jeun.

INDICES ET SYMPTOMES.

Les signes qui trahissent généralement la présence
des vers sont les suivants :

Des yeux allumés et étincelants, des joues livides ;
des sueurs froides pendant la nuit ; une abondance
de salive qui coule de la bouche pendant le sommeil ;
une grande soif pendant le jour, une sécheresse de
langue et de lèvres, qui se dissipe la nuit, une haleine
tirant sur l'aigre, un visage bleuâtre, des grincements de
dents pendant la nuit, des excréments blanchâtres, des
urines écumeuses, blanches, quelquefois obscures et
presque toujours troubles, le ventre plus ou moins
balonné.

Lorsque l'épilepsie se produit sans écume aux lèvres,
c'est un indice de vers. Certaines crises de somman-
bulisme sont produites par les vers. Une faim incessante,
quand elle est accompagnée d'amaigrissement, est un
signe certain.

Les vers intestinaux sont de trois espèces : les ronds
et longs, les ronds et courts et les plats. Les ronds
s'engendrent dans les intestins grêles et quelque-

fois dans l'estomac ; les ronds et courts, dans le rectum, et s'appellent ascarides, d'un terme grec qui signifie agile et remuant, parce que ces petits vers sont dans un mouvement continuel. Ils peuvent se glisser dans toute la longueur du tube intestinal, dans l'œsophage, le larynx, les poumons, les fosses nasales, etc. Les vers plats se nourrissent ou dans le pylore de l'estomac, ou dans les intestins grêles, et s'appellent *Tænia*, du mot grec qui signifie toute sorte de cordon plat et long. Le *Tænia* est en effet blanc, fort long, avec le corps tout articulé ; il y en a de deux espèces : l'un qui retient le nom du genre et qui s'appelle proprement *Tænia* ; il n'a point de mouvement ni de tête formée ; l'autre qui se nomme solitaire, parce qu'il est toujours seul de son espèce dans les corps où il se trouve ; il a du mouvement et une tête fort bien formée. Il se nourrit dans le pylore de l'estomac, d'où il s'étend dans toute la suite des intestins.

Les indices des vers longs et ronds sont des tensions de ventre, accompagnées de bruit et de douleur, une démangeaison de nez, qui oblige à se le frotter sans cesse, des hocquets, un sommeil palpitant, des réveils en sursaut sans aucune cause extérieure, ces mêmes réveils accompagnés quelquefois de cris et suivis d'un prompt retour de sommeil ; un pouls inégal, des fièvres intermittentes, des yeux caves et parfois rouges, des joues tantôt rouges et tantôt livides. Il arrive que les personnes qui ont des vers ronds manquent d'appétit, et, si elles mangent quelque chose, le vomissent la plupart du temps. Ces personnes ont des fièvres accompagnées de froid aux extrémités du corps. Tous ces indices ne se rencontrent pas à la fois, mais on remarque tantôt les uns et tantôt les autres.

Les signes des ascarides sont une démangeaison continuelle à l'anus et au nez, laquelle cause quelquefois des défaillances et des syncopes; haleine fétide, somnolence, langueur.

La présence du *Tænia* se trahit par des lassitudes après le repas, des assoupissements fréquents et des pesanteurs au-dessus du nombril.

Quant au ver solitaire, il n'est pas de maladie du cadre nosologique dont sa présence ne puisse simuler les caractères, depuis la faim-valle jusqu'à l'épilepsie, selon que la tête du ver s'engage dans les muqueuses, digestives ou dans quelque centre nerveux. Pulsations lancinantes dans l'estomac, glissement contre les parois des intestins d'une masse gluante et froide. Étourdissements, troubles visuels, bourdonnements d'oreilles, prurit à l'anus et au nez; salivation, coliques, palpitations et amaigrissement.

Enfin, la présence dans les selles de fragments du ver, sortes de graines, ce qui coupe court à toute incertitude.

Le solitaire produit chez les femmes des effets plus fâcheux que chez les hommes; il leur cause des coliques violentes, de longs délires, des syncopes fréquentes, et souvent même des suppressions de règles, des tumeurs au ventre, des dégoûts et des appétits bizarres, que l'on prendrait aisément pour des signes de grossesse.

Les vers dont nous sommes encore le plus communément affectés sont :

Les auriculaires, qui engendrent de fortes douleurs dans l'oreille ainsi que des démangeaisons extraordinaires.

Les dentaires, qui causent aux dents une douleur sourde, mêlée de démangeaison ; ils rongent peu à peu les dents et y entretiennent une mauvaise odeur.

Les pulmonaires, qui produisent des toux violentes, et qui montent parfois dans la trachée artère, où, par leurs picotements, ils causent des désordres semblables à ceux que l'on constate lorsqu'une miette de pain ou quelque goutte d'eau arrive dans le larynx.

Les hépatiques, qui causent des pesanteurs de foie et des élancements dans le côté droit.

Les vésiculaires, qui causent souvent des rétentions d'urine, de fortes douleurs lorsqu'on urine et parfois des désordres moraux et physiques les plus variés.

REMÈDES. —

Un remède très efficace et très simple contre les vers des oreilles est le jus d'oignon. Pour les vers des dents, rien de tel que de tenir les dents propres et de se les nettoyer de temps en temps avec quelques gouttes d'esprit de sel dans un peu d'eau.

Le suc de marrube mêlé à un peu de miel combat

les vers pulmonaires. Pour les vers du foie, le meilleur remède, c'est de prendre à jeun, plusieurs matins de suite, dans un bouillon douze grains de poudre de cloportes. Le jus de cerfeuil est excellent pour nous débarrasser des œufs des vers. A cet effet, il faut prendre un grand verre à liqueur trois fois par jour, pendant une semaine, deux heures appès les repas.

La graine de chanvre réussit bien contre les vers intestinaux. Ce remède s'administre de la façon suivante : on pile soigneusement la graine de chanvre, et on la jette dans une suffisante quantité d'eau ; on la remue jusqu'à ce qu'on obtienne une espèce de pâte ; on passe le tout à travers un linge, et le liquide que l'on obtient se prend à jeun le matin durant quelques jours, à raison d'un verre ordinaire. Ce breuvage tue les vers promptement.

Les lavements de *décoction* de gentiane nous débarrasse des ascarides. Faites bouillir dans 3 litres d'eau six poignées de gentiane; laisser bouillir jusqu'à réduction de moitié; laisser refroidir et prendre ce lavement tiède une ou deux fois par semaine, suivant l'effet produit et jusqu'à guérison complète. Il convient aussi de boire une fois par semaine, entre les lavements, la préparation suivante : huile d'olive, quatre cuillerées; vin blanc, cinq cuillerées; sucre en poudre, deux cuillerées; battre le tout ensemble et y ajouter ensuite le jus d'un citron.

De tous les vers intestinaux, les plus féconds en ravages sont le *Tænia* et le solitaire. Mais ce sont les vers dont on se préoccupe le plus ; aussi les remèdes ne manquent-ils point.

Un moyen très efficace de se débarrasser de ces vers est de prendre, le matin à jeun, un bol de lait dans lequel on a fait bouillir 25 centigrammes de scammonée et 15 centigrammes de gomme-gutte ; au moment de boire, on ajoute 10 centigrammes de calomel.

Contre les vers cutanés, outre les bains chauds et les frictions sèches et vigoureuses, il convient, pour corriger l'acidité et la viscosité du sang, de mettre dans son vin un peu de tartre soluble ainsi qu'un peu d'oxymel scillitique.

APHORISMES.

Les œufs des vers entrent dans notre corps avec l'air et les aliments.

Quand les œufs des vers sont introduits en nous, ils éclosent, pourvu qu'il y ait en nous une matière propre à les faire éclore. Car il en est des œufs des vers comme des graines de plantes, qui ne poussent pas en toutes sortes de terres.

La plupart des vers qui s'engendrent dans la chair corrompue de l'animal mort y étaient déjà à l'état d'œufs du vivant de l'animal.

L'air est rempli de semences de vers ; l'eau de pluie, le vinaigre, la vieille bière, le cidre, le lait aigre également.

Toutes les parties du corps sont sujettes aux vers.

Le sang et l'urine en sont parfois tout remplis.

Le vers solitaire est toujours seul de son espèce dans le corps humain. Il ne s'y rengendre plus, une fois qu'il en est sorti.

L'hydropisie peut être quelquefois causée par des vers.

Les vers peuvent causer des tumeurs aux corps et des excroissances.

Les difformités qu'on apporte en naissant peuvent venir quelquefois des vers, qui auront rongé les parties tendres du fœtus et, par ce moyen, auront causé des tumeurs.

Dans quelque maladie que tombent les enfants, il faut se défier des vers.

Les gens pituiteux sont plus sujets aux vers que les bilieux.

Quand les enfants portent souvent les mains à leur ventre, on doit craindre qu'ils aient des vers.

Un pouls très lent ainsi que le hocquet sont des indices des vers.

Perdre la voix, être tout à coup attaqué de manie, est aussi un indice de vers.

Les vers longs et ronds piquent souvent; les vers plats ne piquent jamais.

Les melons causent des indigestions qui souvent servent à faire éclore des vers dans les intestins.

Les champignons sont capables de produire beaucoup de vers dans le corps.

La plupart des nourrices de la campagne sont sujettes aux vers, parce qu'elles mangent beaucoup de laitage et de fruits.

Il n'arrive guère qu'aux vers plats de sortir rompus.

Quand une partie du ver plat est sortie et que l'autre demeure dans le corps, si la tête a été expulsée, il n'y a rien à craindre ; mais il convient de se purger le surlendemain.

Les vers se réduisent parfois en eau après être sortis ; ils se fondent souvent de la sorte dans le corps même.

L'huile d'olive et de noix tuent les vers promptement.

Le vinaigre n'est sans doute pas contraire aux vers, parce que, dans le corps humain, la plupart des vers se nourrissent d'une matière aigre (1).

(1) Voir le catalogue de la *Petite Bibliothèque des connaissances utiles* aux pages suivantes.

CATALOGUE

Pour acquérir Énergie et Volonté
Méthode physique et morale
Par Louis VERNAY

L'énergie, la volonté ont déjà fourni matière à pas mal de livres ; mais ces ouvrages coûtent en général très cher et réclament la plupart du temps un degré de culture intellectuelle que beaucoup n'ont pas. De plus, le côté pratique du sujet y est trop souvent sacrifié aux spéculations philosophiques et remplissages littéraires.

M. Louis VERNAY s'est efforcé de remédier à cette lacune en publiant une brochure, où il expose d'une façon nette et claire ce qu'il faut faire physiquement et moralement pour acquérir Énergie et Volonté, cette source de tous les succès.

Envoi franco contre **0 fr. 30** *en timbres-poste français à M. G. VARÈS, éditeur, 28, rue Lalo, Paris.*

JEUNESSE ET BEAUTÉ
Abrégé d'hygiène moderne — Conseils et recettes pratiques
Par Maxime CURTIN

Le Visage. — Le sang. — L'estomac. — La constipation. — Les rides. — Le double menton. — Les cheveux. — Névralgies. — Rhumatismes. — Neurasthénie. — Impuissance. — Insomnies, etc., etc.

Jeunesse et beauté ! ces deux mots évoquent à la fois nos joies les plus grandes, nos aspirations les plus vives, nos regrets les plus amers. Demeurer jeune, c'est le désir de tout homme ; être belle, c'est le vœu de toute femme. Si la nature, sous ce rapport, ne se montre pas égale pour tous, il est pourtant permis au plus grand nombre de remédier dans une large mesure à son peu de générosité ou de lutter victorieusement contre le poids des années. Il suffit, la plupart du temps, de se soumettre avec régularité à un simple régime d'hygiène. Un joli teint, une chevelure abondante, des yeux brillants, une bouche appétissante dissimulent en effet le mieux du monde les lignes disgracieuses d'un visage. Or il dépend, en général, de nous de bénéficier de tous ces avantages.

Ce petit livre a pour but d'indiquer d'une façon claire et rapide les moyens aussi sûrs que pratiques de conserver la beauté lorsqu'on en a reçu l'heureux privilège de connaître « l'éternelle jeunesse », si l'on veut bien admettre que la vieillesse est plutôt une maladie qu'une nécessité, et enfin de faire excuser par de la grâce et du charme ce que la nature a pu vous octroyer de rude ou de vilain.

Envoi franco contre **0 fr. 30** *en timbres-poste français à M. G. VARÈS, éditeur, 28, rue Lalo, Paris.*

POUR S'INSTRUIRE VITE ET BIEN
Abrégé facile et pratique des principaux problèmes de la science
Par François LIEBED

Dans cet abrégé, unique en son genre, l'auteur s'est efforcé de résumer clairement, sous forme de causeries à la portée de tous, les problèmes les plus intéressants.

Cet ouvrage se divise en plusieurs chapitres : L'esprit et le corps. — De la conscience. — De l'intelligence. — Attention. — Volonté. — Mémoire. — Hypnotisme, suggestion. — A travers l'histoire des religions. — A travers la vie sociale.

Envoi franco contre **1 franc** *en mandat-cart o bon de poste à M. G. VARÈS, éditeur, 28, rue Lo{ Paris.*

POUR ÉVITER LES MAUVAIS PLACEMENTS

Exposé facile et pratique des embûches de la finance
Par Jean DARVY

Ce petit livre a pour but d'exposer les trucs couramment employés par les financiers véreux et les officines d'émission ; de mettre en garde contre les pièges des banques louches et des sociétés fictives ; de permettre enfin au capitaliste inexpérimenté de reconnaître immédiatement si, oui ou non, il est en présence d'aigrefins de la finance, dont le nombre et l'ingéniosité s'accroissent tous les jours. L'auteur de cet intéressant travail s'est formellement interdit de conseiller l'achat de telle ou telle valeur ; il n'a voulu que montrer brièvement la conduite à suivre — lorsqu'on a de l'argent à placer — pour ne point le placer à perte.

Envoi franco contre 0 fr. 60 en timbres-poste à M. G. VARÈS, éditeur, 28, rue Lalo, Paris.

POUR DEVENIR PHYSIONOMISTE

Moyens pratiques et rapides de discerner le caractère et les qualités des gens (Illustré).
Par J.-M. PLANE

Envoi franco contre 0 fr. 85 en mandat-carte à M. G. VARÈS, éditeur, 28, rue Lalo, Paris.

ENTREMETS ET DESSERTS

Nombreuses recettes pour desserts et entremets.

Recueillies par un ancien chef, ces recettes ont le mérite d'être à la fois d'une exécution facile et d'un bon goût certain. Elles permettront toutes de ménager des surprises aussi agréables que succulentes.

Envoi franco contre 0 fr. 30 en timbres-poste français à M. G. VARÈS, éditeur, 28, rue Lalo, Paris.

POUR DEVENIR UN BON CAVALIER

Méthode pratique et rapide d'Équitation
Par Paul DARSAC
Professeur d'équitation. Ancien instructeur militaire

Envoi franco contre 1 franc en mandat ou bon de poste à M. G. VARÈS, éditeur, 28, rue Lalo, Paris.

POUR OBTENIR FIDÉLITÉ ET BONHEUR EN AMOUR

Conseils pratiques. Méthode rationnelle
Par Lucien DERIVE

L'amour est celui des sentiments qui a été le plus analysé. Littérateurs, publicistes, dramaturges l'ont à l'envi discuté, étudié, exploité. Il eût été bien superflu de vouloir encore — après tant de brillants écrivains — écrire sur l'amour, s'il n'avait semblé intéressant à M. de Rive d'envisager ce sujet dans un ordre plus positif, moins illusionniste qu'on ne le fait généralement, et d'essayer de le traiter en renonçant à toute exaltation poétique pour ne voir que des réalités.

Envoi franco contre 0 fr. 50 en timbres-poste français · G. VARÈS, éditeur, 28, rue Lalo, Paris.

Pour apprendre à bien se Nourrir

Exposé pratique du régime alimentaire rationnel
Par Georges RAYNAL

Le problème de l'alimentation intéressse de plus en plus l'opinion publique. Longtemps confiné dans les expériences de laboratoire, il apparaît aujourd'hui au premier rang des questions sociales et économiques. Aussi croyons-nous faire œuvre utile en publiant cette brochure, où nous nous sommes efforcés de présenter clairement les grands principes de nutrition et d'alimentation rationnelles.

Envoi franco contre 0 fr. 40 en timbres-poste français à M. G. VARÈS, éditeur, 28, rue Lalo, Paris.

Pour découvrir la Fraude dans les Aliments

Moyens pratiques et faciles de reconnaître soi-même si un produit est falsifié
Par Benjamin COINTRE
Professeur d'école primaire supérieure, diplômé de l'enseignement agricole, licencié ès sciences

Tout a été dit sur la fraude dans les aliments ; cependant la généralité des gens ignorent encore jusqu'aux plus simples des manipulations chimiques en usage dans le monde des fraudeurs ; c'est que ce grave sujet n'a jamais été traité dans un sens vraiment pratique. Aussi le petit livre du professeur B. Cointre vient-il à point pour révéler enfin comment l'on peut déterminer *soi-même*, par des expériences faciles, à la portée de tous, la nature des fraudes dans les aliments d'usage courant.

Toute personne soucieuse d'éviter la redoutable et lente intoxication quotidienne, qui engendre si souvent de dangereuses et déroutantes maladies, lira avec le plus grand profit cet intéressant manuel.

Envoi franco contre 0 fr. 65 en timbres-poste français à M. G. VARÈS, éditeur, 28, rue Lalo, Paris.

AVANT DE CONSTRUIRE

Moyens pratiques et faciles d'éviter les Fraudes et Malfaçons dans la construction d'une maison
Par Jules LAROCHE
Ingénieur-Architecte

Envoi franco contre 0 fr. 40 en timbres-poste français à M. G. VARÈS, 28, rue Lalo, Paris.

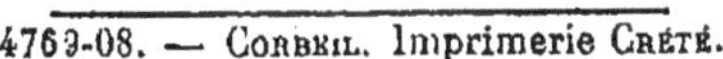

4769-08. — CORBEIL. Imprimerie CRÉTÉ.